BEI GRIN MACHT SICH IHR WISSEN BEZAHLT

- Wir veröffentlichen Ihre Hausarbeit, Bachelor- und Masterarbeit

- Ihr eigenes eBook und Buch - weltweit in allen wichtigen Shops

- Verdienen Sie an jedem Verkauf

Jetzt bei www.GRIN.com hochladen und kostenlos publizieren

Bibliografische Information der Deutschen Nationalbibliothek:

Die Deutsche Bibliothek verzeichnet diese Publikation in der Deutschen National-
bibliografie; detaillierte bibliografische Daten sind im Internet über http://dnb.d-
nb.de/ abrufbar.

Impressum:

Copyright © 2008 GRIN Verlag, Open Publishing GmbH
Druck und Bindung: Books on Demand GmbH, Norderstedt Germany
ISBN: 978-3-640-19409-4

Dieses Buch bei GRIN:

http://www.grin.com/de/e-book/116980/das-posttraumatische-stresssyndrom-in-
der-seefahrt

Daniel Kullick

Das Posttraumatische Stresssyndrom in der Seefahrt

GRIN Verlag

Hochschule Bremen

Wintersemester 2007/2008

Lehrveranstaltung: Personalführung I

Thema der Arbeit:

Das Posttraumatische Stresssyndrom in der Seefahrt

Daniel Kullick

Fachrichtung: Nautik

Datum der Abgabe: 01.02.2008

1.　Einleitung

Das Posttraumatische Stresssyndrom (engl. Posttraumatic Stress Disorder, Abk.: **PTSD**) ist in der Literatur auch unter anderen Bezeichnungen bekannt, z.B. Posttraumatisches Belastungssyndrom **(PTBS)** oder Psychotraumatische Belastungsstörung. Die WHO bezeichnet diese Krankheit in ihrem Standardwerk „Internationale Statistische Klassifikation der Krankheiten und verwandter Gesundheitsprobleme, 10. Revision, Version 2008" (ICD-10) als Posttraumatische Belastungserkrankung.

Andere geläufige Bezeichnung stehen in direktem Zusammenhang mit den entsprechenden traumatischen Vorfällen und werden nur für Betroffene verwendet, die diesen speziellen Situationen ausgesetzt waren. Die bekanntesten und in gewisser Weise auch selbsterklärend dürften das Golfkriegssyndrom, das Post Vietnam Syndrom oder das KZ-Syndrom sein. Hier lassen die Bezeichnungen schon eindeutig erkennen, welchen traumatischen Ereignissen die Personen ausgesetzt waren. Da im internationalen Gebrauch üblicherweise die englische Bezeichnung genutzt wird, werde ich dies hier ebenfalls tun, und mich aus Gründen der besseren Übersicht und Lesbarkeit auf die Abkürzung **PTBS** beschränken.

Die Krankheit selbst wird auch in der heutigen Zeit häufig nicht oder zu spät erkannt und von vielen Unbeteiligten oft nicht ernst genug genommen, und obwohl es in der Seefahrt genügend Beispiele für traumatisierend wirkende Ereignisse gibt, ist kaum etwas über die psychische Versorgung, Nachsorge oder Behandlung betroffener Personen bekannt.

In der vorliegenden Arbeit werde ich versuchen **PTBS** im Allgemeinen etwas näher zu bringen, und die Rolle von **PTBS** in der Seefahrt deutlich zu machen.

An Stellen die mir geeignet erscheinen werde ich versuchen den Umgang mit **PTBS** in der Seefahrt einem einfachen Vergleich zu unterziehen, wobei ich mich hierbei auf eine vergleichende Betrachtung im Umgang mit **PTBS** beim Militär beschränken werde, da ich mich hier auf meine langjährige, persönliche Erfahrungen als Angehöriger der Bundeswehr[1] stützen kann.

---

[1] 12 Jahre Zeitsoldat, davon 11 Jahre in Führungspositionen

2.   Definitionen und Begriffsklärungen

Bevor ich **PTBS** im Zusammenhang mit der Seefahrt etwas genauer betrachte, halte ich es für sinnvoll die grundlegenden Begriffe in Bezug auf diese Erkrankung eindeutig mit Hilfe von allgemein anerkannten Definitionen zu erklären.

post (lateinisch): hinter, nach

Trauma (griechisch): Wunde

In Bezug auf **PTBS** spricht man auch von *Psychotrauma* und Dr. Dr. H.-P. Kapfhammer liefert dazu folgende Definition:

"Als Trauma wird ein Ereignis definiert, das für eine Person entweder in direkter persönlicher Betroffenheit oder indirekter Beobachtung eine intensive Bedrohung des eigenen Lebens, der Gesundheit und körperlichen Integrität darstellt und Gefühle von Horror, Schrecken und Hilflosigkeit auslöst. Ein posttraumatischer Stress umfasst sowohl psychische als auch somatische Symptome, die auf die Konfrontation mit einem Trauma folgen." Kapfhammer, H.-P. (2000): Angststörungen. In: H.-J. Möller, G. Laux, H.-P. Kapfhammer (Hrsg.): Psychiatrie und Psychotherapie, S. 1185ff. Springer-Verlag

Stress (englisch): Druck, Anspannung

Belastung (Psychologie)

„Psychische Belastungen sind von außen auf eine Person einwirkende psychologische Größen, die zu einer Beanspruchung des Menschen führen. Falls die Belastung starken Einfluss auf die Psyche der Person ausübt und diese über einen längeren Zeitraum anhält nennt man diese Belastung Stress." http://de.wikipedia.org/wiki/Belastung_%28Psychologie%29

Disorder (englisch): Leiden, Störung

Das Syndrom (griechisch σύνδρομο, von συν~, syn~: zusammen~, mit~ und δρόμος, drómos: der Weg, der Lauf): *ist in der Medizin das gleichzeitige Vorliegen verschiedener Merkmale (Symptome), zum Beispiel Krankheitssymptome, mit meist einheitlicher Ätiologie (= Ursachen) und wenig bekannter Pathogenese.* http://de.wikipedia.org/wiki/Syndrom

Die WHO ordnet PTBS gem. ICD-10 allgemein den Psychischen und Verhaltensstörungen (F00 – F99) zu, dort speziell den Neurotischen, Belastungs- und somatoformen Störungen (F40 – F48) und liefert auch eine zusammenfassende Diagnose des Krankheitsbildes, die für diese Arbeit als umfangreiche Definition geeignet ist.

„Posttraumatische Belastungsstörung

Diese entsteht als eine verzögerte oder protrahierte Reaktion auf ein belastendes Ereignis oder eine Situation kürzerer oder längerer Dauer, mit außergewöhnlicher Bedrohung oder katastrophenartigem Ausmaß, die bei fast jedem eine tiefe Verzweiflung hervorrufen würde. Prädisponierende Faktoren wie bestimmte, z.B. zwanghafte oder asthenische Persönlichkeitszüge oder neurotische Krankheiten in der Vorgeschichte können die Schwelle für die Entwicklung dieses Syndroms senken und seinen Verlauf erschweren, aber die letztgenannten Faktoren sind weder notwendig noch ausreichend, um das Auftreten der Störung zu erklären. Typische Merkmale sind das wiederholte Erleben des Traumas in sich aufdrängenden Erinnerungen (Nachhallerinnerungen, Flashbacks), Träumen oder Alpträumen, die vor dem Hintergrund eines andauernden Gefühls von Betäubtsein und emotionaler Stumpfheit auftreten. Ferner finden sich Gleichgültigkeit gegenüber anderen Menschen, Teilnahmslosigkeit der Umgebung gegenüber, Freudlosigkeit sowie Vermeidung von Aktivitäten und Situationen, die Erinnerungen an das Trauma wachrufen könnten. Meist tritt ein Zustand von vegetativer Übererregtheit mit Vigilanzsteigerung, einer übermäßigen Schreckhaftigkeit und Schlafstörung auf. Angst und Depression sind häufig mit den genannten Symptomen und Merkmalen assoziiert und Suizidgedanken sind nicht selten. Der Beginn folgt dem Trauma mit einer Latenz, die wenige Wochen bis Monate dauern kann. Der Verlauf ist wechselhaft, in der Mehrzahl der Fälle kann jedoch eine Heilung erwartet werden. In wenigen Fällen nimmt die Störung über viele Jahre einen chronischen Verlauf und geht dann in eine andauernde Persönlichkeitsänderung (F62.0) über.“ Internationale Statistische Klassifikation der Krankheiten und verwandter Gesundheitsprobleme, 10. Revision, Version 2008, (ICD-10: F 42.1)

Ein Posttraumatisches Stresssyndrom bzw. eine Posttraumatische Belastungsstörung ist also eine psychische Erkrankung bei der die Symptome erst einige Zeit nach der psychischen Belastung offenbar werden.

3.   Historischer Rückblick auf PTBS

Situationen, die zu **PTBS** führen können hat es in der Menschheitsgeschichte immer gegeben und sie werden sich auch in Zukunft nicht vermeiden lassen. Die Erforschung und Behandlung dieser Erkrankung begann allerdings erst Ende des 19.Jh. im Zuge der Entwicklung der Psychoanalyse durch Sigmund Freud.

Die Zusammenhänge zwischen traumatischen Erlebnissen und einer, mit zeitlichem Abstand, folgenden psychischen Erkrankung erkannte die Medizin bereits Anfang des 20.Jh. sehr deutlich, als es durch die Weltkriege zu massenhaften Erkrankungen kam. Doch obwohl die Krankheit in vielen Fällen eindeutig war und von Psychologen auch als solche erkannt wurde, akzeptierte die Öffentlichkeit sie nicht. Betroffene Personen wurden häufig als Feiglinge bezeichnet, und gerade dieser Vorwurf der Feigheit hatte im Krieg oft verheerende Folgen für die Erkrankte, denn in den meisten Fällen wurden sie wegen ihrer angeblichen Feigheit durch militärische Standgerichte zum Tod durch Erschießen verurteilt.

Die mangelnde Beachtung von **PTBS** wird auch durch Bezeichnungen wie „Kriegszitterer" und „Granatfieber" deutlich, die zwar bereits den offensichtlichen Zusammenhang zwischen traumatisierendem Ereignis und psychischer Schädigung beinhalten, aber nichtsdestotrotz eine geringe Wertschätzung ausdrücken.

Besondere Beachtung erlangte **PTBS** erst nach dem Vietnamkrieg, als tausende US-amerikanischer Soldaten psychisch geschädigt in ihre Heimat zurückkehrten und die damit einhergehenden Probleme wie zunehmende Gewalt in der Gesellschaft, Integrationsunfähigkeit vieler Heimkehrer und Spaltung der Gesellschaft in Vietnam-Veteranen und Daheimgebliebene eine Untersuchung der Ursachen erforderte. Dabei wurde durch Dr. Judith Lewis Herman erstmals der Begriff **PTBS** geprägt.

Obwohl **PTBS** als Krankheit inzwischen recht gut erforscht ist und die Zusammenhänge zwischen Ereignis und psychischen Folgen bekannt sind, wird **PTBS** in der Öffentlichkeit oftmals nicht als Erklärung für ein gestörtes Verhalten anerkannt. Änderungen im öffentlichen Denken sind jedoch erkennbar, seit durch die Anschläge vom 11. September auch Zivilisten in großer Zahl betroffen sind.

4. **Mögliche Auslöser für PTBS im Allgemeinen und in der Seefahrt im Besonderen (mit Beispielen)**

Eine ganze Reihe von Ereignissen ist als Verursacher von **PTBS** denkbar, und nicht immer müssen diese eine internationale oder gar globale Tragweite besitzen. Im folgenden Kapitel möchte ich einige allgemeine Faktoren nennen, diese möglichst anhand bekannter Beispiele erläutern und versuchen entsprechende Situationen, die in der Seefahrt denkbar sind bzw. bereits stattgefunden haben zu schildern.

■ An erster Stelle muss hier wohl der Krieg als Auslöser für **PTBS** genannt werden, da durch ihn vermutlich die meisten Menschen betroffen sind. Beispiele wurden bereits genannt und werden nur noch einmal kurz zusammengefasst.

- 1. Weltkrieg: Giftgaseinsätzen und Grabenkrieg,

- 2. Weltkrieg: Bombenterror, Partisanenkampf, Konzentrationslagern, Gewalt gegen Zivilisten,

- Vietnamkrieg: Dschungelkrieg, Napalmeinsatz, Tunnelkrieger.

Im Bereich der Seefahrt lassen sich wohl die meisten traumatisierenden Kriegserlebnisse aus der Zeit des 2. Weltkrieges nachweisen. Der U-Boot-Krieg führte zu einer enorm hohen Zahl an Versenkungen (laut http://de.wikipedia.org/wiki/U-Boot-Krieg#Verluste: 2.882 Handelsschiffe und 175 Kriegsschiffe) und in der Endphase des Krieges wurden durch die Alliierten in großer Zahl Flüchtlingsschiffe versenkt (z.B. M/S „Cap Arkona", M/S „Wilhelm Gustloff", M/S „Goya"), diese Versenkungen gelten als einige der schlimmsten Schiffskatastrophen aller Zeiten.

Eine Besonderheit des Seekrieges ist die Tatsache, dass es bei einer Versenkung innerhalb relativ kurzer Zeit zu einer großen Anzahl von Opfern kommt und die Überlebenschancen meist sehr gering sind. Man kann also davon ausgehen, dass es bei den wenigen Überlebenden solcher Katastrophen überproportional häufig zu psychischen Belastungsstörungen kommt.

■ Als eine weitere Ursache für eine Massenhafte Erkrankung können Naturkatastrophen wie Vulkanausbrüche, Flächenbrände, Hochwasser, Stürme, Erdebeben und Tsunamis genannt werden. Die einzelnen Folgen einer solchen

Katastrophe (z.B. viele Todesopfer, Verlust der sicheren Existenz, negative Änderung der Lebensumstände/ -qualität) ähneln oft denen eines Krieges und können bei Betroffenen und Helfern(!) zu hohen psychischen Belastungen führen, in deren Folge sich auch **PTBS** ausprägen kann.

Auf die Seefahrt haben Naturkatastrophen insofern Auswirkungen, indem sie durch unnatürliche Seewetterverhältnisse (z.B. starker Wind in Verbindung mit ungewöhnlichem Seegang wie bei tropischen Wirbelstürmen) zu Versenkungen führen können. Selbst Situationen, die von den Betroffenen im ersten Moment als wenig besorgniserregend empfunden werden können bei Änderungen der Situationsparameter und längerer Dauer zu hohen Belastungen führen. Ein Beispiel aus meiner eigenen Erfahrung möchte ich hier kurz darstellen.

Während meines Praktikums befuhren wir im Dezember 2005 das Südchinesische Meer. Kurz zuvor war hier ein schwerer Sturm durchgegangen und trotz nachlassender Winde gab es noch einen ungewöhnlich hohen Seegang mit der für diese Region typischen kurzen, steilen Welle. Unter normalen Bedingungen (Schiff normal beladen) wäre die See kein Problem gewesen, allerdings befanden wir uns auf dieser Fahrt nur im Ballast was einen geringen Tiefgang und sehr starke Roll- und Stampfbewegungen zur Folge hatte. Andere Schiffe schien es aber noch heftiger zu treffen, denn im Funk waren häufig Notrufe zu vernehmen, vor Allem von Chinesischen Hochseefischern. Durch den anhaltenden Schlafentzug (die Schiffsbewegungen machten es unmöglich sich in der Koje zu halten) und die erzwungene Untätigkeit war die Crew bereits sehr angespannt, als es am 3. Tag zum ersten Maschinenausfall kam. Innerhalb von 16 Stunden konnte dieser behoben werden, doch am Ende des 4. Tages fiel die Maschine dann endgültig aus und durch den Wegfall der Manövrierfähigkeit sowie den anhaltend rauen Seegang verschlechterten sich die Lebensbedingungen an Bord weiter. Negativ wirkten sich ebenfalls der Ausfall der Frischwasserversorgung und die Verzögerung der Bergung (der erste bestellte Schlepper musste abdrehen wegen Wassereinbruch im Maschinenraum!) aus. Vom einfahren ins Schlechtwettergebiet bis zur Ankunft des Schleppers vergingen 9 Tage (inklusive Heiligabend und Neujahr) und in dieser Zeit konnte man auch bei den erfahrenen Crewmitgliedern eine Spannung und Nervosität ausmachen, die sich sehr negativ auf das Bordleben auswirkte. Die psychische Belastung war also sehr hoch und hätte bei längerem Andauern sicher langfristige Auswirkungen auf einige Seeleute haben können. In der Folge dieser Beinahekatastrophe vermied die Schiffsführung in den nächsten Monaten jede Berührung mit Schlechtwettergebieten und nahm dafür zum Teil erhebliche Fahrtverlängerungen in Kauf.

Eine Naturkatastrophe, die nur in der Seefahrt auftreten kann und deren Ursachen und Erscheinungen in letzter Zeit mit großem Aufwand erforscht werden sind die vereinzelt auftretenden Monsterwellen, auch Freak Waves genannt. Prominentester Fall dürfte wohl die Begegnung des Kreuzfahrtschiffes „Bremen" mit einer Monsterwelle im Jahr 2001 sein, die glücklicherweise recht glimpflich verlief.

- Ein spezielles Augenmerk als Ursache für psychologische Störungen muss auf den Bereich der Unfälle bzw. Seeunfälle gerichtet werden. Als Unfall gelten hier Vorkommnisse die durch menschliches und/oder technisches Versagen ausgelöst werden (aber! ein Schiffsuntergang durch Witterungsumstände kann auch ein Unfall sein, wurde aber bereits im Bereich der Naturkatastrophen behandelt). Obwohl die absolute Zahl der Erkrankten nach einem Unfall in der Regel eher klein ist (in Abhängigkeit von der Art des Unfalles: Arbeitsunfall, Autounfall, Zugunglück etc.) sorgt die Häufigkeit solcher Ereignisse im Endeffekt doch für den größten Anteil der zu betreuenden Fälle. Im Bereich der Unfälle erlangt auch eine weitere Besonderheit psychischer Belastungen, in deren Folge **PTBS** auftreten kann, eine wichtige Bedeutung. Die Erkrankung der Helfer.

Meist sind bei Unfällen mehr Helfer vor Ort bzw. im Einsatz als es direkt betroffene Opfer gibt und im Normalfall erleben die Helfer die Folgen eines Unfalles viel bewusster, da sie im Gegensatz zu den Unfallopfern nicht sofort unter Schock stehen. Traurige Berühmtheit in Deutschland erlangte hier das Zugunglück von Eschede, bei dem hunderte (unausgebildete) Rettungskräfte im Einsatz waren, deren Anteil an den Posttraumatisierten dieses Unfalls sicher höher liegen dürfte als der der direkt betroffenen Unfallopfer. In besonderer Erinnerung wird wohl das Fernsehbild des jungen Bundeswehrsoldaten bleiben, der, erschöpft von seiner Tätigkeit und betroffen vom erlebten, weinend auf einem Trümmerteil sitzt und Zuspruch durch einen Pastor erhält. Man kann davon ausgehen, dass dies kein Einzelfall war und die Möglichkeit von **PTBS** bei diesem jungen Mann sehr hoch ist, wenn keine rechtzeitigen Therapiemaßnahmen eingeleitet wurden. Doch wenn die Helfer schon Hilfe brauchen, wer hilft dann dem Pastor? Auch zu dieser, meiner Ansicht nach, sehr wichtigen Frage möchte ich kurz ein Beispiel aus meiner eigenen Erfahrung anführen.

Während meiner Bundeswehrzeit als Offizier war ich unter Anderem auch einmal für die bürokratische Vorbereitung, Durchführung und Nachbereitung eines Einsatzkontingentes für Afghanistan und den Balkan zuständig. Insbesondere die Nachbereitung mit bestimmten Seminaren hat in den letzten Jahren immer mehr an Bedeutung gewonnen, wenn es um die Problematik psychischer Belastungen und Störungen geht, da hier Symptome frühzeitig festgestellt werden sollen und entsprechende Maßnahmen eingeleitet. Man kann davon ausgehen, dass die Soldaten auch psychologisch gut vorbereitet in die Einsätze gehen, doch immer wieder kommt es zu Ausnahmesituationen, die zusätzlich zu der ohnehin schon hohen Belastung den Stresspegel noch weiter erhöhen. Eine solche Situation war unter Anderem der Sprengstoffanschlag auf einen Bus der Bundeswehr in Kabul im Juni 2003. Der damals in Kabul zuständige Militärpfarrer war als einer der ersten Helfer im Einsatz und sollte mir im Juni 2005 bei der Nachbereitung mit unseren eigenen Soldaten helfen (inzwischen war er Standortpfarrer in unserem Standort). Er tat sich sichtlich schwer mit dieser Arbeit, die doch eigentlich zu den ursprünglichen Aufgaben eines heutigen Militärpfarrers gehört und gab selbst zu, dieses Trauma nie wirklich überwunden zu haben. Es bleibt also die Frage: „Wie kann man Helfern helfen"?

Unfälle auf See sind leider häufiger, als es die Öffentlichkeit wahrnimmt und die meisten Unfälle sind keine großen Schiffsuntergänge, auch wenn diese am ehestem im Bewusstsein bleiben, sondern einfach Arbeitsunfälle oder Unfälle infolge technischen Versagens (z.B. Brände). Jedem Seemann sollte bewusst sein das die Arbeit auf einem Schiff unter allen Umständen zu den gefährlichsten Tätigkeiten gehört, die man ausüben kann. Zu der ohnehin gefährlichen Arbeit mit schweren oder gefährlichen Gütern, schwerem Gerät oder in großer Höhe, kommen noch die Erschwernisse durch besondere Witterungen und begrenzte Räumlichkeiten hinzu. Häufig kommt es zu Unfällen, weil Sicherheitsbestimmungen missachtet werden oder Zeitdruck und Übermüdung zu Unkonzentriertheit führen. Jeder Schiffsoffizier wird deshalb darauf geschult solche Gefahren zu erkennen und nach Möglichkeit abzustellen bzw. nach einem Unfall mit den richtigen Maßnahmen die Schäden für Leib und Leben möglichst gering zu halten.

Was passiert jedoch, wenn der Schiffsoffizier selbst betroffen ist oder wenn sich durch das Erlebte eine psychische Störung ausprägt? In diesem Falle sind die Helfer auf Schiffen meist auf sich allein gestellt und die nächste Möglichkeit für Hilfe von Außen ist meist noch Tage oder Wochen entfernt. Leider gibt es immer noch das Bild vom „harten, unbeugsamen Seemann" in den Köpfen vieler Leute und so werden Psychische Störungen oft erst spät akzeptiert, auch wenn sie schon viel früher wahrgenommen wurden und unter Umständen hätten rechtzeitig behandelt werden können.

Einige schwere Unfälle auf See, in deren Folge bei einigen Betroffenen mit Sicherheit **PTBS** aufgetreten ist, seien hier nur kurz aufgelistet:

- Kollision der M/S „TITANIC" mit einem Eisberg und der folgende Untergang

- Feuer auf der Bohrplattform „PIPER ALPHA"

- Kenterung der Fähre „HAROLD OF FREE ENTERPRISE"

- Untergang der Fähre „ESTONIA"

- Ölpest nach auflaufen des Tankers „EXXON VALDEZ"

In vielen Fällen schwerer Seeunfälle wäre es wünschenswert gewesen, wenn die Betroffenen „nur" an **PTBS** zu leiden hätten. Ein Merkmal von Unfällen auf hoher See ist jedoch die äußerst geringe Überlebenschance, so dass uns oftmals nur die Trauer über den Verlust an Menschenleben bleibt.

5.   Diagnose und empfohlene Behandlungsmöglichkeiten unter Berücksichtigung ihrer Durchführbarkeit an Bord Seegehender Schiffe

Zur Diagnose von psychischen Erkrankungen sind zwei Klassifikationssysteme möglich, die sich beide an den Vorgaben der WHO orientieren. Das bereits erwähnte ICD-10 (Allgemeinmedizin) und DSM-IV (Psychologie). Im Folgenden eine Auflistung der Kriterien zur Diagnose, wie sie im DSM-IV zu finden ist.

Vereinfacht Nach DSM-IV (Nr. 309.81)

- vorangegangenes traumatisches Ereignis, bei dem die Person:

  - ein oder mehrere Ereignisse selbst erlebt oder beobachtet hat, die drohenden oder tatsächlichen Tod, ernsthafte Verletzungen oder Gefahr für die körperliche Unversehrtheit der eigenen oder einer anderen Person beinhalteten und

  - mit Furcht, Hilflosigkeit oder Entsetzen reagiert hat.

- wieder erleben in einer der folgenden Weisen:

  - Erinnerungen an das Ereignis durch Bilder, Gedanken oder Wahrnehmungen,

  - wiederkehrende Träume,

  - Handeln oder Fühlen, als ob das Ereignis wiederkehrt,

  - psychische Belastung durch Reize, die einzelne Aspekte des Ereignisses darstellen oder daran erinnern und

  - körperliche Reaktionen auf solche Reize.

- Vermeiden der Reize, wobei mindestens drei der folgenden Symptome vorliegen müssen:

  - bewusstes Vermeiden von Gedanken, Gefühlen oder Gesprächen mit Bezug zum Trauma,

  - bewusstes Vermeiden von Aktivitäten, Orten oder Menschen mit Bezug zum Ereignis,

  - wichtige Aspekte des Traumas können nicht erinnert werden,

- Desinteresse und Inaktivität bei wichtigen Aktivitäten,

- Gefühl der Losgelöstheit und Fremdheit von anderen,

- Eingeschränkte Affektivität und

- Gefühl einer eingeschränkten Zukunft.

- anhaltende Symptome erhöhter Erregung, wobei mindestens zwei der folgenden Symptome vorliegen müssen:

  - Ein- oder Durchschlafstörungen,

  - Reizbarkeit und Wutausbrüche,

  - Konzentrationsschwierigkeiten,

  - übermäßige Wachsamkeit,

  - übertriebene Schreckreaktionen.

- Die Symptome der zweiten, dritten und vierten Kategorie dauern länger als einen Monat.

- Das Störungsbild verursacht in klinisch bedeutsamer Weise Leiden oder Beeinträchtigungen in sozialen, beruflichen oder anderen wichtigen Funktionsbereichen.

Zur Vereinfachung der Diagnose wurden einige Fragebögen entwickelt, die in einer Ausgabe der „Trierer Psychologische Berichte" (Maercker, A. & Bromberger, F. (2005). Checklisten und Fragebogen zur Erfassung traumatischer Ereignisse in deutscher Sprache. Trierer Psychologische Berichte, 32, Heft 2.) zusammengefasst dargestellt sind und im Internet zum Download als pdf-Datei verfügbar sind. Anhand dieser Fragebögen wäre es unter Umständen möglich eine einfache Diagnose an Bord durchzuführen, aber eine Behandlung des Traumes ist wegen der speziellen Symptome (z.B. Reizvermeidung) kaum durchführbar.

Die Therapie von **PTBS** erfolgt im Wesentlichen in drei Schritten und ist dementsprechend sehr zeitaufwendig und an bestimmte Umweltbedingungen gebunden.

- Allgemeine Maßnahmen, z.B. schaffen der geeigneten Therapieumgebung (Sanatorium, Kur, betreuendes Fachpersonal).

- Spezifische stabilisierende Maßnahmen, die den Patienten auf die eigentliche Behandlung vorbereiten sollen, ggf. unter Einsatz von Medikamenten.

- Traumabearbeitung, d.h. aufarbeiten und erinnern des Ereignisses unter Anleitung des behandelnden Arztes in einer sicheren Therapieumgebung (siehe Allgem. Maßnahmen) in Form von Gruppen- oder Einzelgesprächen. Medikamente können eingesetzt werden, jedoch ist die erhöhte Suchtgefahr der Patienten zu berücksichtigen.

Keiner dieser drei Schritte lässt sich in angemessener Weise an Bord normaler Seeschiffe durchführen, also sollte meiner Ansicht nach die schnellstmögliche Verbringung an Land die vordringlichste Maßnahme sein.

Wichtig ist, dass auf den Einsatz von Beruhigungsmitteln verzichtet werden sollte (siehe Suchtgefahr) und eine möglichst durchgängige Betreuung des Betroffenen (gemeint ist hier Beobachtung und Ablenkung) durch die Crew sichergestellt werden muss. Wenig hilfreich ist eine „Observierung" durch die Schiffsführung, wenn die betroffene Person ein normales Crewmitglied ist, da hier das Potential für helfende Gespräche doch eher gering einzuschätzen ist. Vor Allem jedoch sollten die Symptome und die eventuelle Erkrankung ernst genommen werden, da aus dem zu erwartendem Verhalten des Erkrankten weitere Gefahren für Leib und Leben seiner selbst und der restlichen Crew entstehen können, die es unter allen Umständen zu vermeiden gilt.

6. Ausblick auf die mögliche Entwicklung der Behandlung traumatisierender Ereignisse in der Seefahrt und Zusammenfassung

Wie bereits im vorangegangenen Kapitel deutlich gemacht ist eine Behandlung von **PTBS** auf See nahezu unmöglich und meiner Ansicht nach lässt sich an diesem Umstand auch in Zukunft wenig ändern. Hauptaugenmerk sollte deshalb eher auf Maßnahmen liegen, die der Vermeidung der Ursachen, die zu traumatisierenden Ereignissen führen, dienen, wie Verringerung des Unfallrisikos durch bessere Arbeits- und Lebensbedingungen und höhere Sicherheitsstandards für Seeschiffe bezüglich der Lebensrettenden Ausrüstung (z.B. Überlebensanzüge für alle) und der Bauweise.

Außerdem sollten Seeleute und (!) Landpersonal besser für die Gefahren von psychischen Erkrankungen auf See sensibilisiert werden.

Der „harte, unbeugsame Seemann" ist zwar nicht restlos ausgestorben, aber die Zeiten, in denen man nur romantisch von der Seefahrt sprach, sollten vorbei sein und man sollte die Seefahrt und die Seeleute als das sehen, was sie tatsächlich sind. Eine Truppe meist gut ausgebildeter Spezialisten, die einem gefährlichen und interessanten Beruf nachgehen.

7. Literatur und Quellen

- Diagnostic and Statistical Manual of Mental Disorders, 4th Edition (DSM-IV)

- Herman, Judith Lewis (2003): Die Narben der Gewalt. *Traumatische Erfahrungen verstehen und überwinden.* Junfermann: Paderborn. ISBN 387387525X

- *Internationale Statistische Klassifikation der Krankheiten und verwandter Gesundheitsprobleme*, 10. Revision, Version 2008 (ICD-10)

- Kapfhammer, H.-P. (2000): *Angststörungen.* In: H.-J. Möller, G. Laux, H.-P. Kapfhammer (Hrsg.): *Psychiatrie und Psychotherapie*, Springer-Verlag

- Kessler RC, Sonnega A, Bromet E, Hughes M, Nelson CB (1995). *PTSD in the National Comorbidity Survey.* Archives of General Psychiatry 52, 1048-1060

- Maercker, A. & Bromberger, F. (2005). *Checklisten und Fragebogen zur Erfassung traumatischer Ereignisse in deutscher Sprache.* Trierer Psychologische Berichte, 32, Heft 2.

- http://www.polizeieinsatzstress.de

- http://www.psychiatriegespraech.de

- http://de.wikipedia.org/wiki/Belastung_%28Psychologie%29

- http://de.wikipedia.org/wiki/Posttraumatische_Belastungsst%C3%B6rung

- http://de.wikipedia.org/wiki/Syndrom

Zur weiterführenden Beschäftigung mit dem Thema sei auf die umfangreiche Fachliteratur und die Abhandlungen im Internet verwiesen.